Taghreed H. Al-Noor
Raheem T. Mahdi
Ahmed H. Ismael

Ligandos mistos (Bases de Schiff, Antibióticos) Complexos metálicos

Taghreed H. Al-Noor
Raheem T. Mahdi
Ahmed H. Ismael

Ligandos mistos (Bases de Schiff, Antibióticos) Complexos metálicos

ScienciaScripts

Imprint

Any brand names and product names mentioned in this book are subject to trademark, brand or patent protection and are trademarks or registered trademarks of their respective holders. The use of brand names, product names, common names, trade names, product descriptions etc. even without a particular marking in this work is in no way to be construed to mean that such names may be regarded as unrestricted in respect of trademark and brand protection legislation and could thus be used by anyone.

Cover image: www.ingimage.com

This book is a translation from the original published under ISBN 978-3-659-91779-0.

Publisher:
Sciencia Scripts
is a trademark of
Dodo Books Indian Ocean Ltd. and OmniScriptum S.R.L publishing group

120 High Road, East Finchley, London, N2 9ED, United Kingdom
Str. Armeneasca 28/1, office 1, Chisinau MD-2012, Republic of Moldova, Europe
Managing Directors: Ieva Konstantinova, Victoria Ursu
info@omniscriptum.com

Printed at: see last page
ISBN: 978-620-2-78154-1

Taghreed Hashim Al-Noor Raheem Taher Mahdi

Ahmed H. Ismael

Ligandos mistos (bases de Schiff, fármacos antibióticos) Complexos metálicos

Complexos metálicos

Conteúdo

Conteúdo..2

Introdução geral..3

Antibióticos Medicamentos..3

Complexos metálicos em sistemas biológicos 5

Complexos metálicos na descoberta de medicamentos 5

Complexos metálicos na terapia do cancro 6

Resistência dos medicamentos 7

Complexos metálicos na terapia da diabetes..9

Complexos de vanádio anti-VIH...9

Agentes anti-hipertensivos 10

complexos metálicos de estanho 12

Agentes antifúngicos 14

Complexos metálicos na terapia genética 15

Complexos metálicos em doenças neurológicas..15

Agentes antibacterianos...17

Complexos com ligandos macrocíclicos como fármacos 19

Interação de metais com medicamentos à base de quinolonas 19

Sulfonamidas e medicamentos à base de sulfa 20

Antibióticos de sulfonamida e sua ação 23

Complexos metálicos de sulfonamidas 26

Complexos metálicos de antibióticos beta-lactâmicos (Cefalosporina) 34

Aminoácidos...40

Estrutura, classificação e papel bioquímico 40

Referências 47

1. Introdução geral

O domínio da química bioinorgânica, que se ocupa do estudo do papel dos complexos metálicos nos sistemas biológicos, abriu um novo horizonte para a investigação científica em compostos de coordenação. Um grande número de compostos são importantes do ponto de vista biológico[1].

1.1. Antibióticos Medicamentos

Os antibióticos ou antimicrobianos são os medicamentos que combatem as infecções causadas por bactérias ou outros micróbios. Em 1927, Alexander Fleming descobriu o primeiro antibiótico (penicilina). O termo "antibiótico" referia-se originalmente a compostos naturais produzidos por um fungo ou outros microrganismos que matam as bactérias causadoras de doenças. Alguns dos antibióticos naturais são a penicilina benzílica, a estreptomicina, o cloranfenicol, as tetraciclinas e os macrólidos. Os antibióticos semi-sintéticos são derivados de antibióticos naturais, obtidos por pequenas alterações nas fórmulas estruturais dos antibióticos naturais, por exemplo, a naficilina e a cloxacilina[1]. Atualmente, o termo antibiótico é também utilizado para substâncias sintéticas, como as sulfonamidas, os nitrofuranos e as quinolonas. O sistema de classificação mais útil é apresentado no quadro (1-1).

Tabela (1-1) Linha temporal dos antibióticos[1,2].

antibióticos	H	Tempo
Sulfanilamida		1936
Benzilpenicilina		1941
Estreptomicina		1944
Cloranfenicol		1947
Clorotetraciclina		1948
Cloranfenicol		1947
Cefalosporina		1960
Penicilina semi-sintética		1958
Fluoroquinolonas		1980

Para além da utilização de antibióticos na saúde humana, uma grande quantidade deles é utilizada como agentes profilácticos e terapêuticos na criação de animais. Além disso, os antibióticos foram utilizados como aditivos alimentares para promover o crescimento até 2006 [1,2]. A introdução de iões metálicos num sistema biológico pode ser realizada para fins terapêuticos ou de diagnóstico, embora estes fins se sobreponham em muitos casos [3]. No entanto, apesar do sucesso óbvio dos complexos de metal como agentes de diagnóstico e quimioterapêuticos, poucas empresas farmacêuticas ou químicas têm programas de investigação internos sérios que abordem estes importantes aspectos bioinorgânicos da medicina. Os metais não só fornecem modelos para a síntese, como também introduzem funcionalidades que melhoram os vectores de administração de medicamentos. Deve reconhecer-se que os estudos tradicionais de medicamentos inorgânicos a um nível fundamental não estão completos sem um programa de farmacologia dos metais. Muitos fármacos orgânicos requerem a interação com metais para a sua atividade [4]. ver quadro (1-2):

Quadro (1-2) Algumas utilizações médicas e prospectivas de compostos inorgânicos

compostos inorgânicos [4]

Eleme nto	Compostos	Utilizações	Denominações comerciais/comentários
Ag	AgNO3 Ag(Sulfadiazina) 1 % creme	Tratamento de queimaduras	Flamazina; Silvadene
Pt	Cis-[Pt (amina)$_2$X$_2$]	Agentes anticancerígenos	Platinol; Paraplatin; Eloxatine Cancros do testículo, do ovário e do cólon
Au	Derivado de acetiltioglucose	Artrite reumatoide	Ridaura. Ativo por via oral
Bi	Polímeros de bi(açúcar)	Antiulceroso; antiácido	Pepto- Bismol; Ranitidi ne Bismutrex; De-Nol
Hg	Compostos orgânicos Hg	Antibacteria 1, Antifúngico	Tiomersal; mercurocromo (entre muitos Libertação lenta de Hg

A compreensão destas interações pode abrir caminho à conceção racional de fármacos de iões metálicos e à implementação de novas terapias. Os complexos metálicos parecem constituir uma plataforma rica para a conceção de novos fármacos quimioterapêuticos. Podemos escolher o próprio metal e o seu estado de oxidação, o número e o tipo de ligandos coordenados e a geometria de coordenação dos complexos.

Os ligandos não só controlam a reatividade do metal, como também desempenham um papel fundamental na determinação da natureza das interações da esfera de coordenação secundária envolvidas no reconhecimento de locais-alvo biológicos, como o ADN, as enzimas e os receptores de proteínas[1,3].

1.2.   Complexos metálicos em sistemas biológicos

Os complexos metálicos são também conhecidos como compostos de coordenação, que incluem todos os compostos metálicos. O complexo metálico é uma estrutura constituída por um átomo ou ião central (metal) ligado a aniões (ligandos). Os compostos que contêm um complexo de coordenação são designados por compostos de coordenação. Os metais são ácidos de Lewis devido à sua carga positiva e, quando dissolvidos em água, formam compostos hidratados. As ligações metal-ligante (coordenação) são normalmente muito mais fracas do que as ligações covalentes, pelo que as reacções de substituição do ligante são comuns em meios biológicos. A maioria dos metalo-fármacos são, por conseguinte, pró-fármacos. Podem sofrer substituições de ligandos e reacções redox antes de atingirem o local alvo[2]. Os compostos metálicos oferecem novas oportunidades para a construção de estruturas com propriedades definidas. Os avanços na química inorgânica oferecem novas oportunidades para a utilização de complexos metálicos como agentes terapêuticos (2-4).

1.2.1.   Complexos metálicos na descoberta de medicamentos

Os metais de transição ocupam um lugar importante na bioquímica medicinal.

A investigação tem demonstrado um progresso significativo na utilização de complexos de metais de transição como fármacos para tratar várias doenças humanas como carcinomas, linfomas, controlo de infecções, diabetes, doenças anti-inflamatórias e neurológicas. Os metais de transição apresentam diferentes estados de oxidação e podem interagir com várias moléculas de carga negativa. Esta atividade dos metais de transição deu início ao desenvolvimento de medicamentos à base de metais com aplicações farmacológicas promissoras e pode oferecer oportunidades terapêuticas únicas[1].

1.2.2.   Complexos metálicos na terapia do cancro

Dado que o cancro continua a ser uma das principais causas de morte no mundo desenvolvido, está a ser desenvolvido e testado um vasto espetro de abordagens novas e interessantes. A importância dos compostos metálicos na medicina é indiscutível, como se pode avaliar pela utilização de muitos compostos à base de metais no tratamento de várias doenças. Em termos de atividade antitumoral, foi investigada a eficácia de uma vasta gama de compostos de metais de transição e de elementos do grupo principal . A existência de uma relação entre o cancro e os metais é amplamente reconhecida pelos investigadores. Por conseguinte, o objetivo dos fármacos que contêm metais na química medicinal é apresentar uma panorâmica actualizada deste assunto e abranger os desenvolvimentos recentes no domínio dos agentes anticancerígenos à base de metais. A figura (1-1) mostra alguns compostos que são utilizados para tratar metástases no carcinoma da nasofaringe.

Durante milhares de anos, os complexos metálicos desempenharam papéis importantes e diversos na medicina. Desde as propriedades anti-sépticas dos complexos de cobre, até à aplicação de longa data de complexos de ouro na medicina chinesa e árabe, os benefícios terapêuticos únicos e úteis dos metais foram há muito reconhecidos e aproveitados. [2,5]

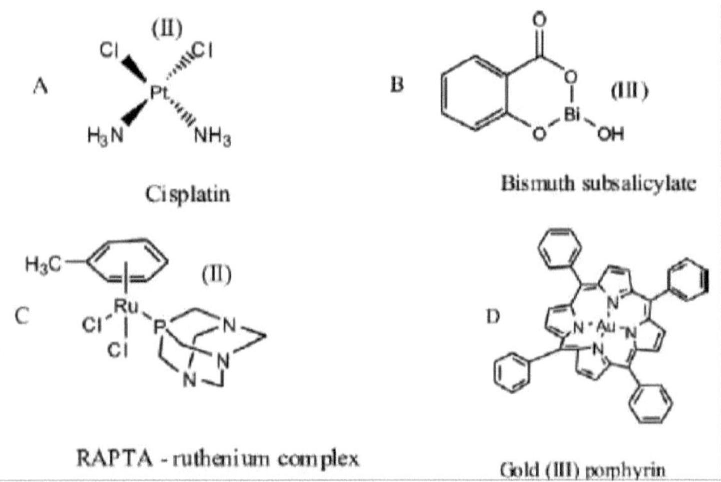

Figura (1-1) Estruturas químicas de

(A) Cisplatina; (B) Subsalicilato de bismuto;

(C) Complexo de ruténio(II)-areno RAPTA utilizado no tratamento de tumores metástases;

(D)   Au(III)-porfirina   utilizada   no   tratamento   do   carcinoma nasofaríngeo.

1.2.3.   Resistência dos medicamentos

Uma forma de restaurar a atividade dos medicamentos orgânicos para os quais surgiu resistência é modificar a estrutura para conter um metal, e alguns destes compostos são complexos metálicos.

Já em 1975, Edwards *et al.* [6] referiram que a substituição dos grupos aromáticos nos antibióticos penicilina e cefalosporina por grupos ferrocenil produzia compostos com uma atividade antibacteriana alterada em comparação com os materiais de partida. Contra várias estirpes de *Staphyloccus aureus*, a ferrocenil penicilina mostrou uma atividade comparável à da modificação da estrutura para conter um metal, a benzil-penicilina e também a β-lactamase, que é uma das enzimas responsáveis pela resistência bacteriana aos antibióticos do tipo penicilina. Ao longo dos anos, foram descobertas muitas drogas sintéticas para o tratamento da malária, sendo a cloroquina, a sulfadoxina e a pirimetamina das mais eficazes.

Tella e Obaleye (2010) [7] sintetizaram dois complexos metálicos de Co(II) e Cd(II) Trimetoprim. Sugere-se uma geometria tetraédrica para as suas estruturas e o trimetoprim comporta-se como um ligando monodentado. Os complexos foram analisados quanto à sua atividade anti-plasmódica contra o plasmodium berghei e os resultados mostram que são menos activos do que o ligando de origem. Foi efectuado um estudo toxicológico para investigar o efeito da administração dos complexos na atividade da fosfatase alcalina do rim, do fígado e do soro de ratos albinos, tendo-se verificado que não eram tóxicos.

Os complexos PtII-aminoácidos, figura (1-2), sintetizados por Clark e Sadler[8] não se ligaram ao ADN ct, como revelado pelo ensaio de fragmentação de endonuclease de restrição e fusão por UV. No entanto, mostraram elevadas afinidades de ligação à albumina de soro humano em soluções tampão.

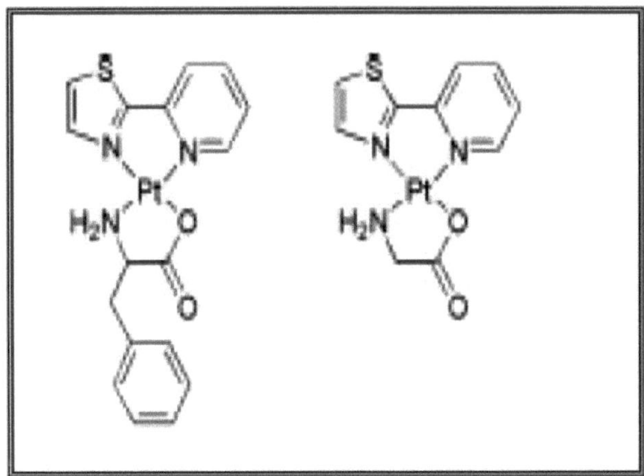

Figura (1-2) Complexos PtII-aminoácidos

Verificou-se que as porfirinas de ouro (III) figura (1-3) são estáveis em DMSO [9], bem como em condições fisiologicamente relevantes [*por exemplo,* solução salina tamponada com fosfato (PBS), solução salina tamponada com Tris (TBS)]. Verificou-se que o complexo [Au(TPP)]Cl (H_2TPP = tetrafenilporfirina) apresentava uma potente atividade anticancerígena *in vitro* contra um painel de linhas celulares cancerígenas.

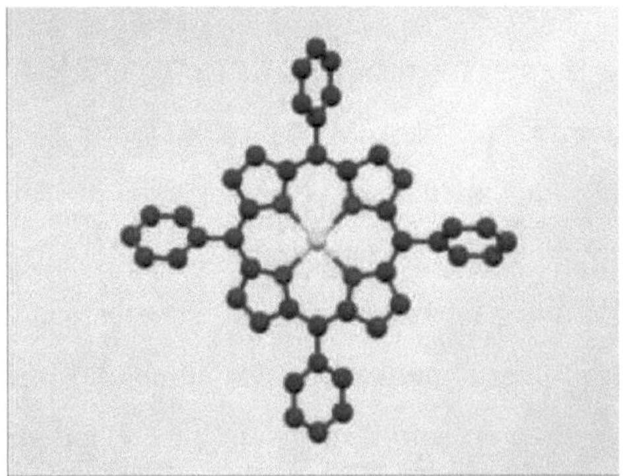

Figura (1-3) Estrutura cristalina de raios X de [Au^{III}(TPP)]$^{+}$

1.2.4. Complexos metálicos na terapia da diabetes

A conceção de novos complexos de vanádio exige considerações estereoquímicas para a ligação dos complexos a receptores, como os transportadores de glicose e outras enzimas, bem como a consideração das propriedades redox do vanádio. A conceção de novos complexos de zinco, por outro lado, requer atenção à estabilidade e às propriedades estruturais em condições fisiológicas. Os iões metálicos de zinco e vanádio foram testados quanto à sua atividade antidiabética[10]. Foram encontrados novos complexos insulinomiméticos de Zinco (II) com diferentes estruturas de coordenação e com um efeito de redução da glucose no sangue para tratar a diabetes tipo 2 em animais [11].

1.2.5. Complexos de vanádio anti-VIH

Está bem documentado que os complexos de vanádio têm aplicações terapêuticas. Estudos recentes mostraram que os complexos de Oxo Vanádio (VO) de tioureia e polioxotungstatos substituídos com vanádio e os complexos de Oxo Vanádio(IV) porfirina figura (1-4) exibem propriedades anti-HIV potentes em células T imortalizadas infectadas. [12]

Figura (1-4) Complexos de oxovanádio(IV) porfirina [12]

1.2.6. Agentes anti-hipertensivos

A hipertensão pode ser uma doença de longa duração e torna-se cada vez mais comum, limitando gravemente a qualidade de vida de quem a sofre. Devido à natureza de longo prazo da doença e, por conseguinte, à natureza de longo prazo da medicação, existe um forte incentivo para desenvolver medicamentos que possam regular a pressão arterial sem causar efeitos secundários ou tornar-se resistentes ao longo do tratamento. Muitas das principais terapias actuais baseiam-se em fármacos orgânicos, embora alguns compostos inorgânicos também apresentem uma excelente atividade. Essien e Coker, (1987)[13] relataram a complexação de fármacos anti-hipertensivos com cálcio. A figura da nifedipina de cálcio (1-5) foi sintetizada por uma reação do sal de cálcio com a nifedipina. O espetro de infravermelhos revelou uma forte evidência de uma possível complexação que ocorre no grupo carbonilo (C=O) da nifedipina. Dois átomos de cálcio complexaram cada um com um par de grupos C=O de 2 moléculas de nifedipina.

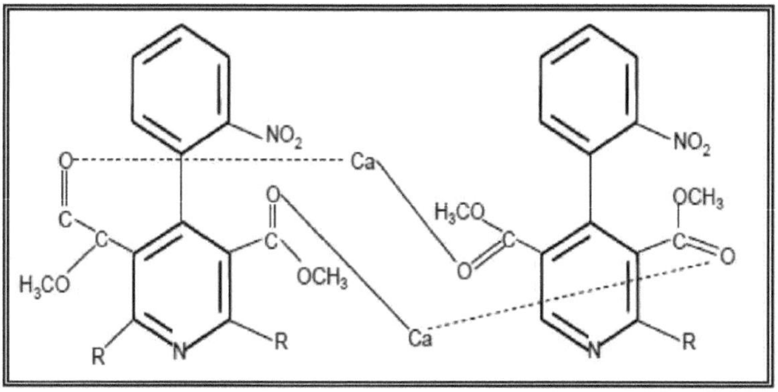

Figura (1-5) Estrutura da Nifedipina - Ca.

Outros compostos semelhantes foram estudados para aplicação potencial como vasodilatadores, incluindo análogos do vanádio, do cobalto e do molibdénio. [13]

1.2.7. Agentes anti-inflamatórios

Os complexos metálicos de fármacos orgânicos também têm sido utilizados como agentes anti-inflamatórios e anti-artríticos. Está a ser realizada uma investigação aprofundada sobre os anti-inflamatórios de Au, Cu e Zn, que têm menos efeitos secundários com uma eficácia semelhante ou superior à dos medicamentos orgânicos de base habitualmente utilizados. Os compostos de ouro foram utilizados pela primeira vez em 1929 por médicos franceses para tratar a artrite reumatoide (Shaw, 1999) [14]

O novo complexo metálico de $Pt_{(II)}$-piroxicam figura (1-6) que tem a fórmula geral $[(PtCl_2)(C_2H_4).(Hpir)]O.5C_2H_5OH$ foi sintetizado por Leo *et.al*, (1998), [15]. Estudos de diagnóstico sugeriram a geometria tetraédrica em torno da $Pt_{(II)}$ através de dois iões cloreto trans entre si, do átomo de N(1) do anel piridílico do piroxicam e de uma molécula de C_2H_4.

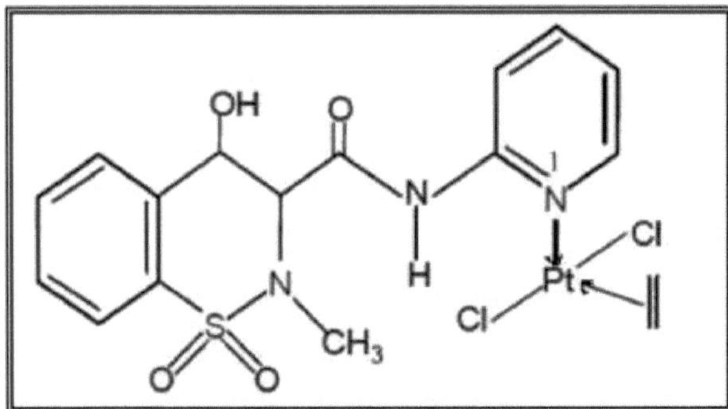

Figura (1-6) Estrutura do Platina (II)-Piroxicam

1.2.8.   complexos metálicos de estanho

As vitaminas são essenciais para o crescimento e desenvolvimento normais de um organismo multicelular. Uma vez terminados o crescimento e o desenvolvimento, as vitaminas continuam a ser nutrientes essenciais para a manutenção saudável das células, tecidos e órgãos que constituem um organismo multicelular. Foi estabelecido que a complexação de metais com vitaminas aumenta a atividade das vitaminas. Foram publicados muitos estudos sobre a interação da tiamina com alguns iões metálicos [16-18]. A química da interação do cloridrato de tiamina e dos seus derivados com iões metálicos é muito interessante, uma vez que o cloridrato de tiamina tem uma grande variedade de locais de coordenação.) [17] Hadjiliadis *et al.* [16] relataram a reação do monofosfato de tiamina (TMP) e do pirofosfato de tiamina (TPP) com iões metálicos à temperatura ambiente. Os complexos preparados foram caracterizados por análises elementares, medição da condutividade, infravermelhos, espectros ^{de} $^{(1)}$HNMR e ^{13}CNMR. A fórmula geral destes complexos é MThX$_3$ onde M= Pt(II), Pd(II) e X= CI, Br. figura (1-7)

Figura (1-7) Complexos de [MThX₃]

Gary e Adeyemo [17] relataram a interação da vitamina B1 com Zn(II) e Hg(II) em dimetilsulfóxido deuterado à temperatura ambiente, empregando técnicas de infravermelhos, ^{1}H NMR e ^{13}C NMR. Os iões metálicos parecem ligar-se diretamente à vitamina B1 através da posição N-3 do anel de pirimidina, figura (1-8).

Figura (1-8) Ligação da tiamina através da posição N₃

Obaleye e Orjiekwe, (1993) [18], relataram a síntese de complexos de Cobre (II) e Zinco (II) de ácido ascórbico na proporção molar de 1:2 a pH 8,0. Os complexos preparados foram caracterizados através de medições magnéticas, condutância molar, infravermelhos e espectros electrónicos. Verificou-se que os complexos são diamagnéticos do tipo [M(Asc)₂] e têm geometria quadrada planar.

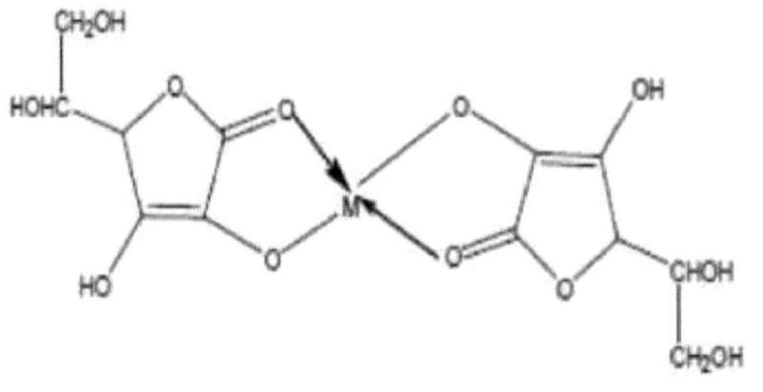

Figura (1-9) Vitamina C - Complexos metálicos

M = Cu(II), Zn(II)

1.2.9.   Agentes antifúngicos

Muitos complexos metálicos têm poderosas actividades antifúngicas e já são utilizados no dia a dia, como a prata derma (complexo de prata da sulfadiazina) e a flammazina (complexo de zinco da prata diazina). Bankole (1979)[19] relatou a síntese de derivados de organossilício dos ácidos salicílico e benzoico, como se mostra na figura (1-10).

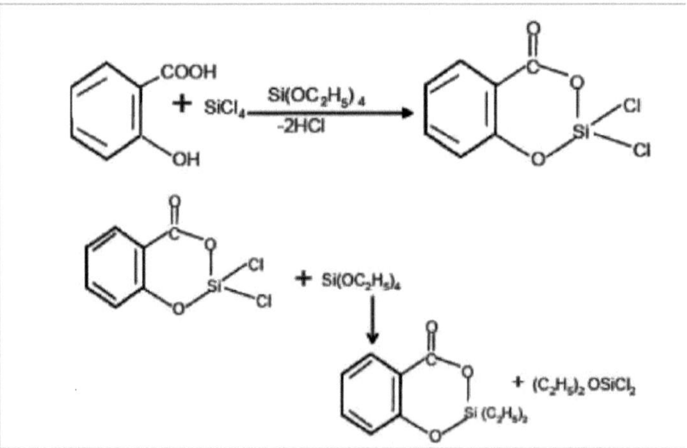

Figura (1-10) Estrutura dos derivados de organosilício

1.2.10. Complexos metálicos na terapia genética

Foi efectuada uma experiência sobre "Complexos biodegradáveis de polímeros e metais para a administração de genes e medicamentos". Introduziu alguns dos desenvolvimentos recentes no reforço da expressão genética não viral. Prevê-se que este domínio continue a avançar e a expandir-se para abordar questões pertinentes aos métodos não virais de entrega de genes[20].

1.2.11. Complexos metálicos em doenças neurológicas

Os complexos metálicos desempenham também um papel fundamental no tratamento de várias perturbações neurológicas. O complexo de lítio com moléculas de fármacos pode curar muitas doenças nervosas, como a coreia de Huntington, o parkinsonismo, a doença orgânica do cérebro, a epilepsia e a paralisia, etc. Outros metais de transição, como o cobre e o zinco, estão envolvidos como transmissores nas vias de sinalização neuronal[21]. **1.2.12. Complexos metálicos em antibióticos**

Embora a maioria dos antibióticos não necessite de iões metálicos para as suas actividades biológicas, há uma série de antibióticos, como a bleomicina (BLM), a estreptonigrina (SN) e a bacitracina, que necessitam de iões metálicos para funcionarem corretamente. Os iões metálicos coordenados nestes antibióticos desempenham um papel importante na manutenção da estrutura e/ou função adequadas destes antibióticos. A remoção dos iões metálicos destes antibióticos pode causar alterações na estrutura e/ou função dos mesmos. Tal como no caso da metaloproteinase, estes antibióticos são designados por "metaloantibióticos".

Os metaloantibióticos podem interagir com vários tipos diferentes de biomoléculas, incluindo ADN, ARN, proteínas, receptores e lípidos, o que lhes confere bioactividades únicas e específicas. [22]

Alguns complexos metálicos derivados do indole-3-carboxaldeído e do ácido m-amino-benzoico, figura (1-11), foram sintetizados e caracterizados por Nair *et al.*, (2012) [23]. As actividades antimicrobianas do ligando sintetizado e dos seus complexos metálicos foram analisadas utilizando o método de difusão em disco.

Verificou-se que as actividades dos complexos preparados eram mais activas do que as do ligando.

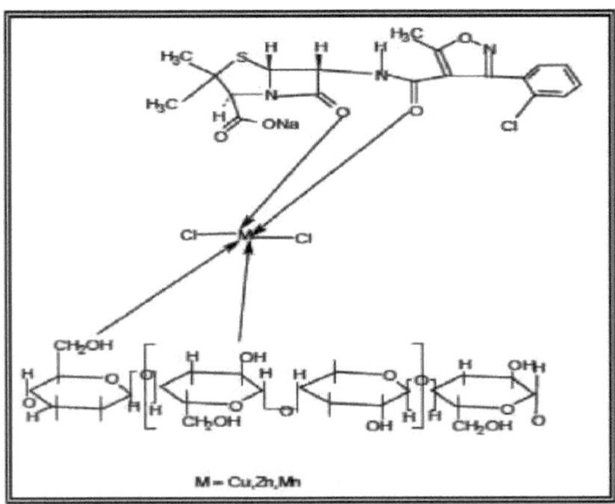

Figura (1-11) Complexos metálicos derivados do ácido m-amino-benzoico

Tella *et al*,(2011)[24] investigaram a possibilidade de acoplamento de metais de transição de antibióticos em celulose. Foram sintetizados quelatos de Co(II), Zn(II) e Mn(II) de celulose - Antibióticos figura (1-12) para serem matrizes imobilizadas insolúveis com antibióticos.

Figura (1-12) Quelatos de celulose metálica-antibióticos

1.1.13. Agentes antibacterianos

Muitos complexos metálicos têm poderosas actividades antimicrobianas e alguns deles já estão no mercado. Ligaduras de prata para o tratamento de queimaduras.

As quinolonas são constituídas por uma grande família de agentes antibacterianos, como o ácido nalidíxico, a pefloxacina, a norfloxacina, a ofloxacina e a ciprofloxacina.

Chartone *et al* (2005)[25] comunicaram a síntese de complexos de platina com tetraciclina. Um complexo de Pt(II) com tetraciclina, figura (1-13), revelou-se tão eficaz como o ligando isolado contra estirpes bacterianas de *Escherichia coli*. Além disso, este complexo é seis vezes mais potente contra *a Escherichia coli* do que a tetraciclina livre.

Figura (1-13) Complexo de Pt(tetraciclina)

Vários medicamentos, como a cloroquina, são utilizados contra o parasita da malária. Infelizmente, a resistência a estes medicamentos está a aumentar. Osella, *et al* (2000)[26] inseriram um grupo ferrocenil na cadeia lateral da figura da cloroquina (1-14) e foi relatado que o composto resultante, a ferroquina, é muito mais seguro e eficaz em ratos, bem como não mutagénico.

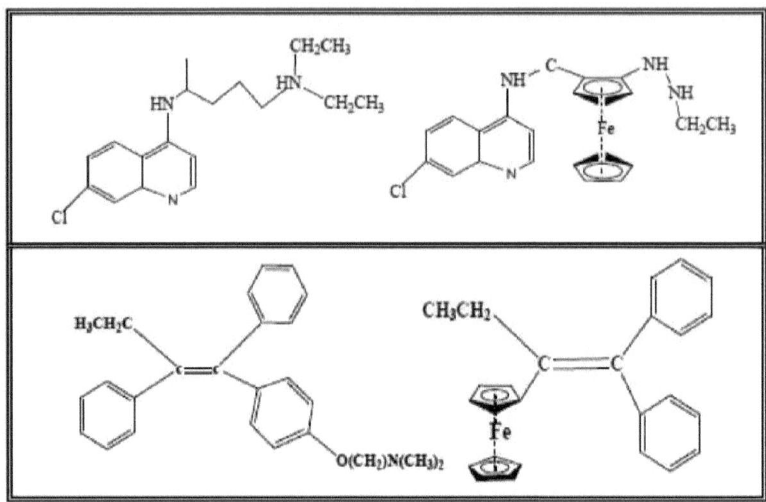

Figura (1-14) Compostos de ferroquina como anti-malária

Chen *et al* (2006) [27] descreveram a utilização de ferrocenilaminofosfinas na hidrogenação assimétrica catalisada por ruténio de figuras de acetonaftona (1‑15 e 1‑16). Utilizando o pré-catalisador $[Ru(C_6H_6)Cl_2]_2$ e o ligando de aminofosfinas à base de ferrocenilo, verificaram que a hidrogenação se processava eficientemente com uma razoável seletividade enantio [27].

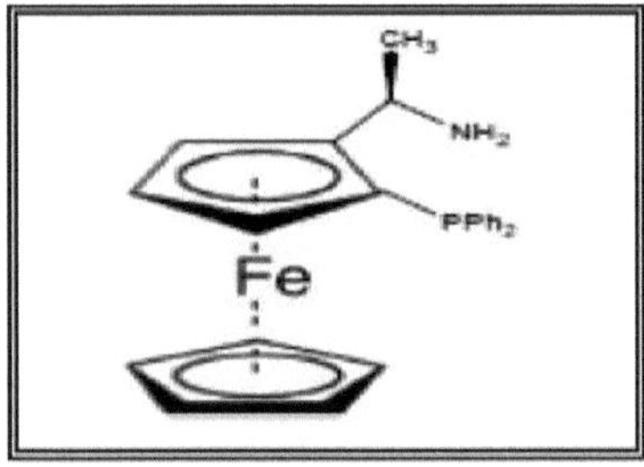

Figura (1-15) Ligando fosfina-amino com base em ferrocenilo

Figura (1-16) Diagrama esquemático do ligando ferrocenilaminofosfinas

1.1.14.   Complexos com ligandos macrocíclicos como fármacos

A química de iões metálicos de ligandos macrocíclicos tornou-se agora uma importante subdivisão da química inorgânica. Os ligandos macrocíclicos são ligandos polidentados com os seus átomos dadores incorporados ou ligados a uma espinha dorsal cíclica. A síntese de macrociclos de poliamida e a sua química de coordenação são de particular interesse, tendo em conta os dois potenciais átomos dadores, ou seja, o azoto amida e o oxigénio amida. No entanto, na maioria dos complexos macrocíclicos de poliamida, o azoto amida está envolvido na coordenação e não o oxigénio. Tal como acontece com os macrociclos naturais, os macrociclos sintéticos representam uma classe de compostos maiores que foram concebidos com um grau de pré-organização conformacional que pode ligar-se a sítios de ligação alvo alargados com uma perda entrópica mínima. Os exemplos descritos a seguir demonstram que os macrociclos sintéticos podem constituir ligandos atractivos para alvos importantes em termos de doença e que esses compostos podem proporcionar níveis elevados de afinidade e seletividade do alvo, bem como apresentar uma biodisponibilidade e estabilidade semelhantes às dos medicamentos [28, 29].

1.1.15.   Interação de metais com medicamentos à base de quinolonas

As quinolonas são uma família de fármacos antibacterianos sintéticos de largo espetro. A primeira geração de quinolonas começou com a introdução do ácido nalidíxico em

1962 para o tratamento de infecções do trato urinário em humanos.

A ciprofloxacina é o mais utilizado dos antibióticos de segunda geração à base de quinolonas que entraram em uso clínico no final de 1980 e início de 1990.

Marija *et al.*[30] relataram a complexação de iões Zn(II) com Ciprofloxacina em solução aquosa, dependendo principalmente do pH, para investigar a dependência do pH da complexação entre Zn(II) e o derivado de quinolona Ciprofloxacina (CfH),

Foi utilizada a espetroscopia UV-Vis. A estrutura cristalina do composto preparado [Zn(Ciprofloxacina)$_2$]H$_2$O figura (1-17) foi caracterizada por análise elementar, espetrometria de massa, análise TG e espetroscopia de infravermelhos.

Figura (1-17) Complexo Zn(Ciprofloxacina)$_2$.H$_2$O

1.3.   Sulfonamidas e medicamentos à base de sulfa

O termo sulfonamida é utilizado como nome genérico para os derivados da sulfanilamida (figura 1-18). Os requisitos estruturais mínimos para a ação antibacteriana da sulfanilamida estão incorporados nela própria. O grupo - SO$_2$NH$_2$ é importante porque o enxofre está diretamente ligado ao anel benzénico. O grupo para

- NH$_2$ (cujo N foi designado por N4) é essencial para a atividade antibacteriana e só pode ser substituído por radicais que possam ser convertidos *in vivo* num grupo amino livre. As substituições efectuadas no grupo amino (cujo N foi designado por N1) têm um efeito variável na atividade da molécula. A substituição de núcleos aromáticos heterocíclicos na posição N-1 produz compostos altamente potentes [31]. A estrutura das sulfonamidas é apresentada na figura (1-18).

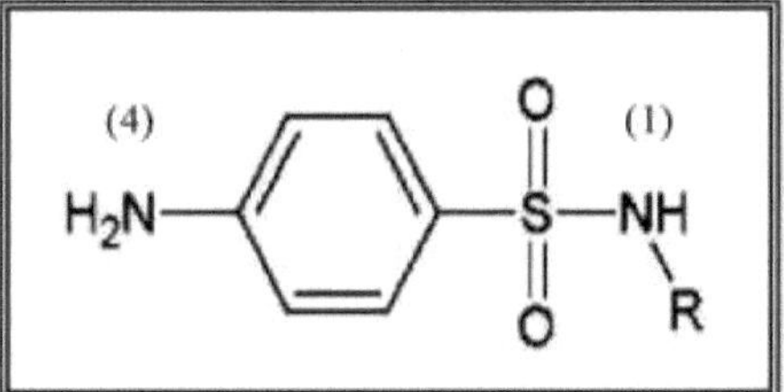

Figura (1-18) Estrutura geral das sulfonamidas

O primeiro medicamento à base de sulfa 4-[(2,4-diaminofenil)azo]benzenossulfonamida, também conhecido como Prontosil, figura (1-19) (**1**), era de facto um pró-fármaco. O Prontosil não tem atividade antimicrobiana *in-vitro*, toda a sua atividade antimicrobiana era *in-vivo*, ou seja, no interior das células vivas. Mais tarde, observou-se que a atividade antibacteriana não se devia diretamente ao prontosil, mas sim a um metabolito formado *in-vivo* pela redução da ligação diazil do prontosil. Descobriu-se que este metabolito ativo era a 4-aminobenzenossulfonamida ou sulfanilamida, figura (1-19) (**2**) Esta descoberta lançou o conceito de "bioactivação" em medicina. Esta molécula ativa, a sulfanilamida, já era bem conhecida na indústria dos corantes, tendo sido sintetizada pela primeira vez em 1906[31-32]. [31-32] A partir de então, os derivados antimicrobianos sintéticos da sulfanilamida passaram a ser conhecidos como "fármacos sulfa". O Prontosil, sintetizado nos laboratórios alemães da Bayer AG, foi o primeiro medicamento capaz de tratar eficazmente uma série de infecções bacterianas. Depois de conhecida a ação terapêutica da sulfanilamida, a sulfanilamida e os seus derivados passaram a ser utilizados em vez da sua molécula-mãe "*prontosil*". Isto levou ao desenvolvimento da segunda geração de sulfonamidas que já não estavam estruturadas no prontosil. A ação antimicrobiana dos fármacos sulfa não se deve apenas à presença do grupo sulfonamida farmacologicamente ativo ($-SO_2NH_2$), mas também ao grupo amino ($-NH_2$) estrategicamente colocado na para do anel benzénico. A molécula da sulfanilamida é simples. Para obter derivados potentes desta molécula, três abordagens eficazes foram a modificação generalizada do grupo sulfonamida, figura [(1- 19) 3,4,5]. Utilizando esta estratégia, surgiram ao longo dos anos várias moléculas com uma toxicidade consideravelmente menor e melhores formulações. O papel dos fármacos à base de sulfa foi imperativo nos primeiros anos da Segunda Guerra Mundial e, nessa altura, houve um grande desenvolvimento de formulações de fármacos à base de sulfa. Sendo os únicos fármacos eficazes disponíveis para a defesa contra a ação microbiana, que era eminente após ferimentos de guerra em soldados, os fármacos à base de sulfa tornaram-se uma parte obrigatória de todos os fornecimentos militares. Tendo salvado milhões de vidas na guerra, a extraordinária atividade antimicrobiana das sulfas provou ser a força motriz por detrás do desenvolvimento comercial destes antibióticos (Gray *et al.*, 2003),[9] . Nos anos imediatamente a seguir à guerra, a produção de medicamentos à base de sulfa registou um aumento dramático. Após o sucesso do Prontosil, começou-se a trabalhar na síntese do composto análogo Sulfachrysoidine, figura (1-19) (3), também conhecido como Rubiazol. A segunda geração de medicamentos à base de sulfa começou com a síntese bem sucedida da sulfapiridina, figura (1-19) (4). A sulfapiridina foi utilizada em muitos países do mundo para tratar eficazmente a pneumonia[33].

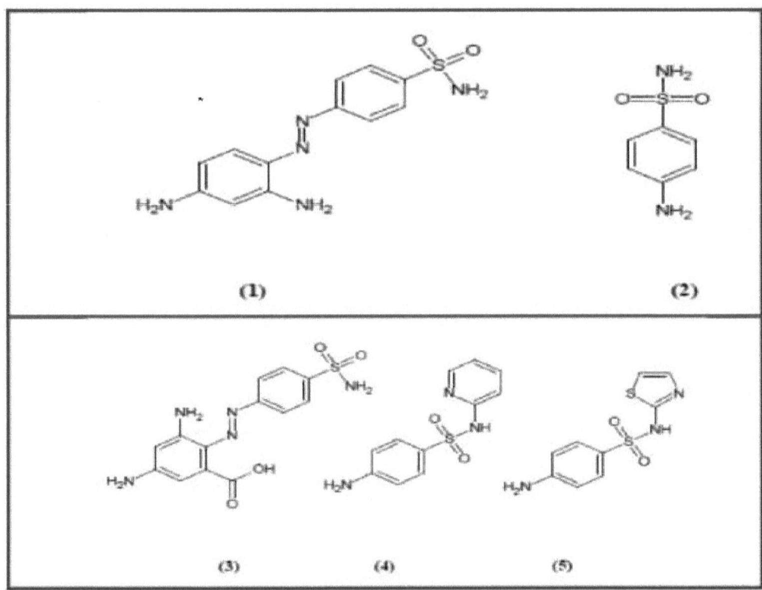

Figura (1-19) Antibióticos de sulfonamida

1.3.1. Antibióticos de sulfonamida e sua ação

As sulfonamidas têm uma vasta gama de atividade contra bactérias gram-positivas e gram-negativas. As sulfonamidas afirmam o seu efeito antibacteriano *in vivo* através das estruturas químicas dos compostos que afectam as suas capacidades inibitórias de muitas formas óbvias[34]. As sulfonamidas com os grupos p-amino não substituídos são essencialmente mais activas. As sulfonamidas com substituições heterocíclicas no azoto da sulfonamida são as mais potentes. As alterações ou substituições no anel heterocíclico afectam ainda mais a atividade inibitória. Por exemplo, a 4-amino-N-(5,6 dimetoxipirimidin-4-il) benzenossulfonamida ou sulfadoxina Figura (1-20) (6) e a 4-amino-N dimetoxipirimidin-4-il) benzenossulfonamida ou sulfadimetoxina Figura (1-20) (7) são idênticas, exceto por conterem um único substituinte metoxi em posições diferentes.

A sulfadoxina tem uma IC50 (meia concentração inibitória máxima) que é 30 vezes superior à da sulfadimetoxina. Do mesmo modo, a 4-amino-N-(4-metilpirimidin-5il) benzenossulfonamida figura (1-20) (8) e a 4-amino-N- (4-metilpirimidin-2-il) benzenossulfonamida ou sulfamerazina figura (120)(9)[35]. Os antibióticos sulfonamídicos são mais frequentemente classificados com base na sua ação terapêutica ou na duração da ação. Nesta base, as sulfonamidas foram classificadas em três grupos: sulfonamidas de ação curta, de ação intermédia e de ação prolongada. As sulfonamidas de ação curta são rapidamente absorvidas e rapidamente excretadas[36]. [36] Exemplos desta classe de medicamentos à base de sulfa são a sulfadimidina, também conhecida como sulfametazina figura (1-20) (10), a sulfaisodimidina figura (1-20) (11), o sulfisoxazol figura (1-20) (12) e a sulfadiazina figura (1-20) (13). Os dois últimos são sobretudo utilizados em combinação com trimetoprim, que sinergiza a atividade das sulfonamidas e minimiza a resistência bacteriana. O sulfametoxazol figura (1-20) (14) é um fármaco de ação intermédia utilizado em infecções que requerem tratamento a longo prazo. As sulfonamidas de ação prolongada são rapidamente absorvidas mas gradualmente excretadas.

(6) Sulfadoxine	(7) Sulfadimethoxine	(8) 4-amino-N-(4-ethylpyrimidin- 5 yl)benzenesulfonamide
(9) Sulfamerazine	(10) Sulfamethazine	(11) Sulfaisodimidine
(12) Sulfisoxazole	(13) Sulfadiazine	(14) Sulfamethoxazole

Figura (1-20) Estrutura das sulfonamidas

As sulfonamidas são utilizadas na agricultura, na criação de animais e raramente na medicina humana.

As sulfonamidas, enquanto antibióticos, estão proibidas de serem utilizadas como factores de crescimento, mas são utilizadas em alimentos medicamentosos para animais. A presença de resíduos de sulfonamidas nos alimentos é preocupante devido à possibilidade de desenvolvimento de resistência aos antibióticos e, além disso, devido à sua natureza potencialmente cancerígena para os seres humanos [37-39]. Outra aplicação da sulfonamida na medicina clínica pode ser vista na utilização generalizada do medicamento Sildenafil [39], vulgarmente conhecido como Viagra. Embora tenha sido inicialmente estudado e destinado a ser utilizado na hipertensão e na angina, tornou-se mais tarde popular para o tratamento da disfunção erétil masculina. (Kimura *et al.*, 2003) [40]. figura (1-21)

Figura (1-21) Medicamento Sildenafil (Viagra)

1.3.2.   Complexos metálicos de sulfonamidas

A síntese de compostos metálicos de sulfanilamida tem recebido muita atenção devido ao facto de as sulfas nil amidas terem sido os primeiros agentes quimioterapêuticos eficazes a serem utilizados para a prevenção e cura de infecções bacterianas em seres humanos. Além disso, as sulfas e os seus complexos metálicos têm muitas aplicações como diuréticos, anti-glaucoma ou antiepilépticos, entre outros. Casanova *et al.*(1993)[41]sintetizaram um complexo monocristalino de [Zn(sulfatiazol)$_2$]H$_2$O. Verificou-se que o sulfatiazol actua como um ligando bidentado, quelando dois iões Zn como uma ponte através dos átomos N de tiazol e N de amino. Rudzinski *et al* (1982) [42] prepararam vários complexos de base de sulfonamida -Schiff de selénio (IV) Figura (1-22) e telúrio (IV) figura (123). O selénio coordena-se através do azoto do grupo azometina, do oxigénio do grupo hidroxilo e do ião cloreto do sal de selénio para completar a estrutura octaédrica, enquanto que o telúrio se coordena apenas através do azoto do grupo azometina, com o ião cloreto do sal de telúrio para completar a estrutura octaédrica.

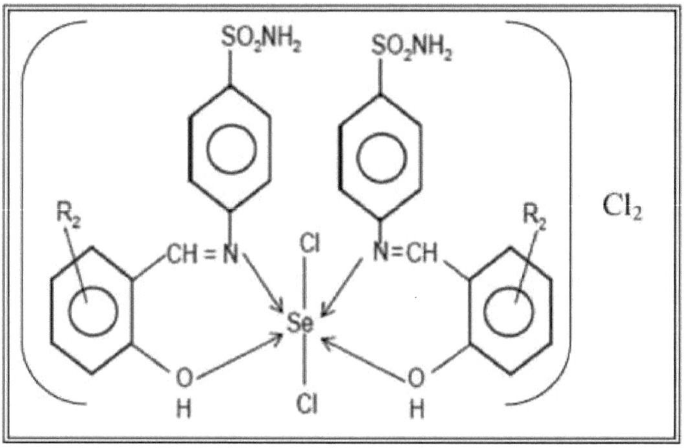

Figura (1-22) Complexo de base de Schiff de selénio (IV) sulfonamida

Verificou-se que os complexos eram activos contra as bactérias ainda melhor do que o ligando parental.

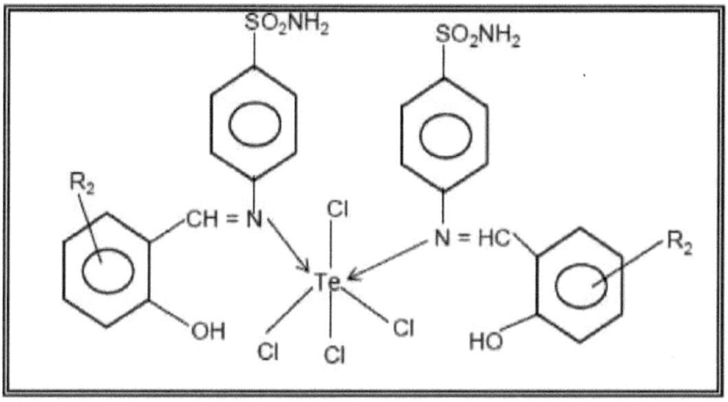

Figura (1-23) Complexo de base de Schiff de telúrio (IV) sulfonamida

Estes dois complexos provaram ser biologicamente activos, tal como evidenciado por testes farmacológicos. Garcia-Raso *et al.*, (2000) [43] sintetizaram um único cristal do complexo zinco-sulfametoxazol [Zn(sulfametoxazol)$_2$ (piridina)$_2$(H2O)$_2$]$^{+2}$ figura (1-24).

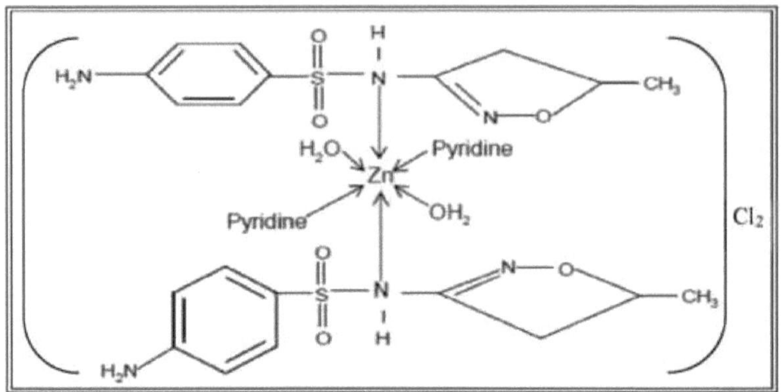

Figura (1-24) Complexo de sulfametoxazol de zinco

A geometria octaédrica foi sugerida em torno do ião Zn (II). Tella e Obaleye (2009)[44] sintetizaram cinco complexos de sais de Cobre (II) incluindo (sulfato, nitrato e cloreto) com 4,4-diaminodifenilsulfona (Dapsona) em diferentes meios de reação (Solventes). A estrutura proposta para os complexos preparados foi elucidada por técnicas espectroscópicas, revelando que a dapsona se coordenou ao metal de forma monodentada e bidentada e todos os complexos têm estruturas tetraédricas.

Os complexos metálicos de sulfadimidina sintetizados por Tella e Obaleye (2009) [44] foram estabelecidos como possuindo actividades antibacterianas mais elevadas do que o ligando. Os complexos apresentaram maiores actividades contra *Escherichia coli, Klebbsiella pneumonia* e *Staphylococcus aureus.* Este facto está de acordo com as conclusões de outros investigadores.

Os compostos derivados de sulfonamidas e os seus iões metálicos de transição d da primeira fila [Cobalto (II), Cobre (II), Níquel (II) e Zinco (II)] foram sintetizados e caracterizados por Zahid *et al.* (2009) [45], a natureza da ligação e a estrutura de todos os compostos sintetizados foram propostas a partir de medições de suscetibilidade magnética e condutividade, IR, ^{1}HNMR, ^{13}CNMR, espectros de electrões, espetrometria de massa e dados de análise CHN. Os ligandos e os complexos metálicos foram analisados quanto à sua atividade antibacteriana, antifúngica e citotóxica *in vitro*. Os resultados destes estudos revelaram que todos os compostos apresentaram uma atividade antibacteriana moderada a significativa contra uma ou mais estirpes bacterianas e uma boa atividade antifúngica contra várias estirpes de fungos.

Shebl *et.al,* [46] sintetizaram um novo ligando de base esquifática dicompatível assimétrico H_3L com doadores N_2O_3 através da condensação de O-acetoacetilfenol e 1,2-diaminopropano em 1:A razão molar de 1: 1 produziu o ligando de base de schiff dibásico mono - condensado com um doador de N_2O_2 e depois o ligando mono - condensado foi utilizado para a condensação posterior com o 2-hidroxi-5-nitrobenzaldhyde. A estrutura do ligando foi elucidada por ferramentas analíticas e espectroscópicas (espectros de IR, ^{1}HNMR e ^{13}CNMR). As reacções do ligando com sais metálicos deram origem a complexos mono e homo-bi-nucleares.

A estrutura dos complexos foi caracterizada por várias técnicas, tais como análises elementares e térmicas, IR, ^{1}HNMR, ^{13}CNMR e espectros electrónicos, bem como medidas de condutividade e momento magnético.

Os complexos metálicos de sulfadimidina (SAD) foram sintetizados por Adedibu e Joshua. [47]. Os complexos foram formulados como $[Co(SAD)_2Cl_2]$, $[Ni(SAD)_2Cl_2H_2O]$ e $[Cd(SAD)_2Br_2]$, figura (1-25). Os complexos foram caracterizados por momento magnético, ^{1}H-NMR e espetroscopia de massa. Os complexos de sulfadimidina de Mn(II), Co(II) e Ni(II) consistem num ião metálico que se coordena através do azoto aminado do grupo NH_2 terminal e do oxigénio do grupo sulfonamida das duas moléculas do ligando de sulfadimidina e de dois iões halogeneto para formar uma estrutura octaédrica, enquanto o Cd(II) se coordena com a sulfadimidina através do átomo de azoto do grupo NH_2 terminal com dois iões bromo para completar a estrutura tetraédrica. A atividade antibacteriana dos complexos e dos ligandos foi investigada contra *Escherichia coli, Staphylococcus aurous e Klebsiella pneumonia.*

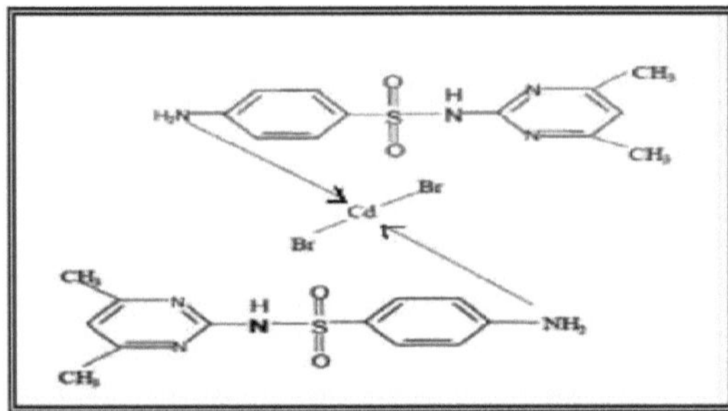

Figura (1-25) Estrutura proposta para o complexo de cádmio (II) sulfadimidina complexo

Dasharath *et al.*, (2012) [48] sintetizaram e caracterizaram vários ligandos de bases de Schiff por condensação de 2-hidroxi, 1-naftaldeído ou benzoilacetona com sulfadiazina, figura (1-26).

Figura (1-26) Diagrama esquemático de ligandos de bases de Schiff derivados de sulfadiazina

1.3.3. Antibióticos sulfonamidas (sulfametoxazol) e seus complexos O

sulfametoxazol (abreviado SMZ ou SMX) $C_{10}H_{11}N_3O_3S$ é um antibiótico bacteriostático sulfonamida. É mais frequentemente utilizado como parte de uma combinação sinérgica com trimetoprim numa proporção de 5:1 em co-trimoxazol (abreviado SMZ-TMP e SMX-TMP,[49] ou TMP-SMZ e TMP-SMX), também conhecido por nomes comerciais como Bactrim, Septrin ou Septra;

Denominação sistemática (IUPAC): *4-amino-N-(5-metilisoxazol-3-il)-benzeno* sulfonamida. Outros nomes incluem sulfadimerazina, sulfadimezina e sulfadimethyl-pyrimidine.

O sulfametoxazol é habitualmente utilizado para tratar infecções do trato urinário. Além disso, pode ser utilizado como alternativa aos antibióticos à base de penicilina para tratar a sinusite. Também pode ser utilizado para tratar a toxoplasmose e é o medicamento de eleição para a pneumonia por Pneumocystis, que afecta principalmente os doentes com VIH. Outros nomes incluem: sulfametilisoxazol, sulfisomezole e sulfametazol. [50]

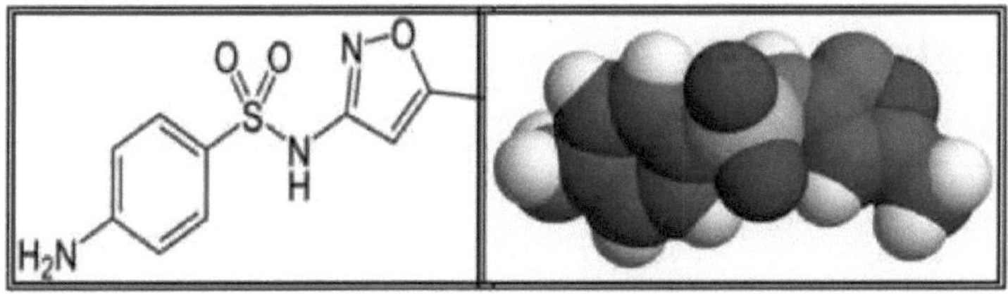

Figura (1-27) Estrutura do sulfametoxazol

O sulfametoxazol figura (1-27) é um pó esbranquiçado e cristalino. É praticamente inodoro. Quatro complexos mistos de Sulfametoxazol - Cloxacilina foram sintetizados por Bamigboye *et al.,* (2012). [51] Os complexos foram caracterizados utilizando solubilidade, ponto de fusão, cromatografia de camada fina, medição da condutividade e espetroscopia de infravermelhos. Tanto o Sulfametoxazol (SMX) como a Cloxacilina (Clox) actuam como ligandos bidentados.

A investigação das actividades antimicrobianas dos complexos contra os microrganismos testados (*Escherichia coli, Pseudomonas aureginosa* e *Klebsiella pneumonia*) revelou que os complexos eram mais activos contra os organismos do que os seus ligandos originais.

Ahmed Imam *et.al.,* (2013) [52] sintetizou novos complexos metálicos reagindo 4-[(3-formil-4-hidroxifnil)-N-(4-metiloxazol-2-il)benzen sulfonamido] (FDMB) com alguns iões da primeira série de transição incluindo Mn(II), Fe(III), Co(II), Ni(II) e Cu(II). A estrutura proposta para os complexos preparados foi elucidada por análise térmica, análise elementar, condutância molar e outros estudos espectroscópicos.

Bharti *et al.,* (2013) [53] relataram que os complexos metálicos de Cu (II) e Hg (II) foram sintetizados com a base de Schiff de sulfametoxazol [4-amino- N- (5-metil-3-isoxazolil) benzenossulfonamida] e salicilaldeído.

O ligando comporta-se como um bi-dentado com átomos dadores de N,O. Os complexos foram caracterizados por análise elementar, IR UV-vis e estudos espectrais ^{1}HNMR, figura (1-28).

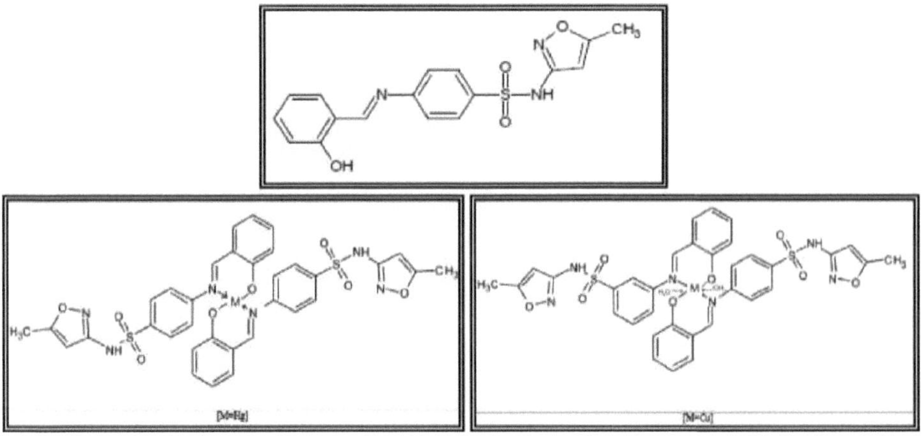

Figura (1-28) Base de Schiff de complexos de sulfametoxazol com Cu(II) e Hg(II)

Karthikeyan *et al,*(2006) [54] relataram a síntese e identificação de uma série de complexos não electrolíticos de lantanídeos(III), [ML$_2$Cl$_3$].2H$_2$O, figura (1-29) onde M é lantânio(III), praseodímio(III), neodímio(III), samário(III), gadolínio(III), térbio(III), disprósio(III) e ítrio(III), contendo o ligando sulfametoxazol (L). A estrutura e a ligação do ligando são estudadas por análise elementar, medidas de suscetibilidade magnética, IR,^{1}HNMR, estudos de difração de raios X e espectros electrónicos dos complexos. A estereoquímica em torno dos iões metálicos é um prisma trigonal monocapsulado em que quatro dos locais de coordenação são ocupados por dois de cada um dos dois ligandos quelantes, oxigénio sulfonílico e azoto do grupo amida e as restantes três posições são ocupadas por três cloros. O ligante e os complexos foram testados in vitro para avaliar a sua atividade contra as bactérias *Escherichia coli* e *Staphylococcus aureus*

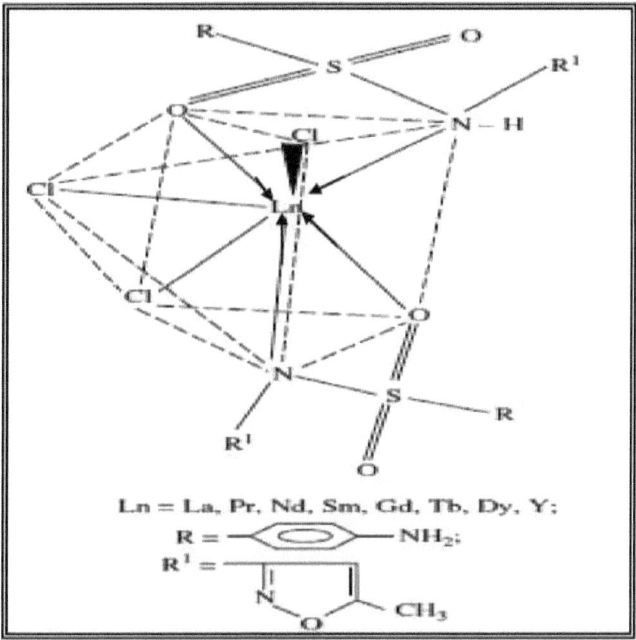

Figura (1-29) Complexo de lantanídeos (Ill)-Sulfametoxazol

1.3.4. Complexos metálicos de antibióticos beta-lactâmicos (Cefalosporina)

A cefalosporina é um antibiótico β-lactâmico, figura (1-30), que foi introduzido pela primeira vez em 1945. Estes fármacos encontram-se entre as classes de antimicrobianos mais prescritas devido ao seu amplo espetro de atividade, baixa toxicidade, facilidade de administração e perfil farmacocinético favorável. O perfil de segurança da cefalosporina é geralmente bom, embora uma vasta gama de reacções alérgicas tenha sido causada por antibióticos β-lactâmicos. É possível classificar estas reacções através do sistema de classificação de Levine, que se baseia no momento do início das reacções. A frequência das reacções de hipersensibilidade às cefalosporinas

é menor do que à penicilina. [22]

Figura (1-30) Estrutura de alguns anéis β-lactâmicos

Taghreed et al., (2014) [55] relataram uma nova base de Schiff 4-clorofenil) metanimina (6R, 7R) -3-metil-8-oxo-7- (2-fenilpropana- mido) -5-thia-1 - azabicyclo [4.2.0] oct-2-ene-2-carboxilato que foi sintetizado a partir do antibiótico β-lactama (cefalexina mono-hidratada (CephH) e 4- clorobenzaldeído (HL) figura (1-31)

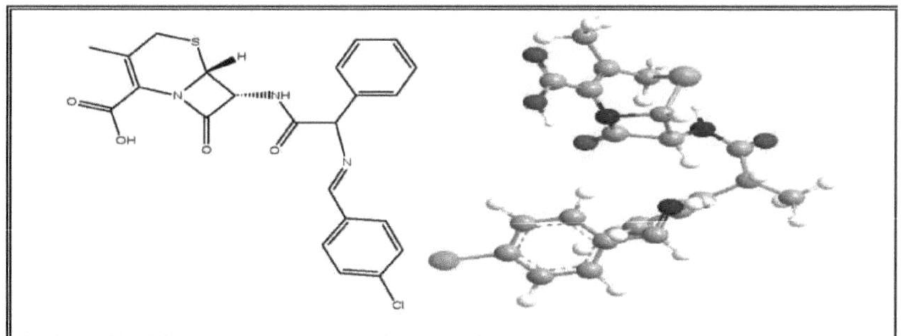

Figura (1-31) Estrutura do derivado de cefalexina mono-hidratada e 4-clorobenzaldeído (3D)

Os complexos metálicos de ligandos mistos da base de Schiff foram preparados a partir de sal de cloreto de Fe(II), Co(II), Ni(II), Cu(II), Zn(II) e Cd(II), em meio etanol-água a 50% (v/v) e Sacarina (SacH) em etanol aquoso (1:1) contendo hidróxido de sódio.

Vários instrumentos físicos, nomeadamente: IR, C.H.N, ^{1}HNMR, ^{13}CNMR para o ligando, ponto de fusão, condutância molar, momento magnético e determinação da percentagem do metal nos complexos por chama (AAS). O ligando e os seus complexos metálicos foram analisados quanto à sua atividade antimicrobiana contra quatro bactérias (gram +ve) e (gram -ve) *{Escherichia coli, Pseudomonas aeruginosa, Staphylococcus aureus e Bacillus}.*

Foram apresentadas as fórmulas gerais para os complexos de ligandos mistos preparados $_{Na2}$[M(Sac)$_3$(L)], M(II) = Fe (II), Co(II), Ni(II), Cu (II), Zn(II) e Cd(II).

Anacona e Rodriguez [56] relataram a síntese e a atividade antibacteriana da cefalexina e dos complexos de cefotaxima com Mn(II), Fe(II), Co(II), Ni(II), Cu(II), Cd(II). O estudo antibacteriano dos complexos de Cefalexina Cu(II) e Cefalexina Zn(II) demonstrou que a complexação da Cefalexina com estes metais aumenta significativamente a sua atividade em comparação com a Cefalexina isolada. O complexo [Cu(Cefotaxima) Cl] figura (1-32) tem uma atividade mais elevada do que a da cefotaxima contra as estirpes bacterianas estudadas nas condições de ensaio, mostrando que tem uma boa atividade como bactericida.

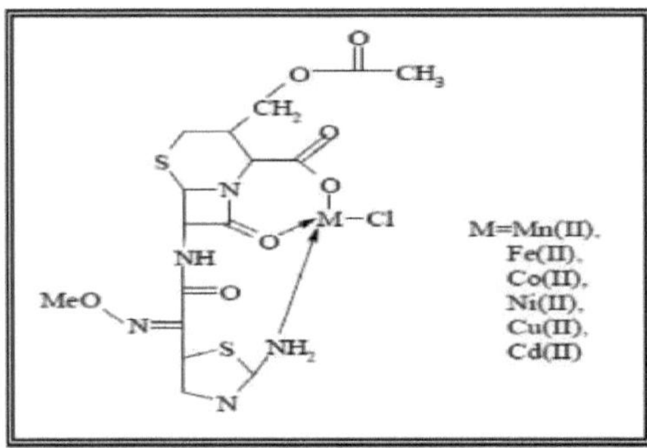

Figura (1-32) Complexos de [M(Cefotaxima)Cl

Taghreed *et al.*, (2012), [57] relataram a síntese e caraterização da base de Schiff tridentada (HL) contendo (N e O) como átomos doadores do tipo (ONO). O ligante é: (HL) fenil 2-(2-hidroxibenzilidenamino) benzoato figura (1-33). Este ligando foi preparado pela reação de (fenil 2-aminobenzoato) com salicilaldeído sob refluxo em etanol e algumas gotas de ácido acético glacial, o que deu origem ao ligando (HL). O ligando preparado foi caracterizado por espetroscopia (FT IR, UV-Vis), análise elementar de carbono, hidrogénio e azoto (C.H.N.) e ponto de fusão. O ligando foi reagido com alguns iões metálicos sob refluxo em etanol com uma razão molar de (1 metal :2 ligando) que deu origem a complexos com fórmula geral: $[M(L)_2]Cl$, M = Cr(III), La(III) e Pr(III). A investigação também inclui o estudo da bioatividade do ligando e dos seus complexos contra quatro tipos de bactérias, três das quais eram negativas ao corante de Gram *(Proteus mirabilis, Klebsiella pneumonia, Escherichia coli)* e uma era positiva ao corante de Gram (*Staphylococcus aureus*). Os complexos preparados mostraram atividade inibidora contra algumas das bactérias em consideração. O momento magnético, juntamente com os espectros electrónicos, sugerem uma geometria octaédrica para todos os complexos.

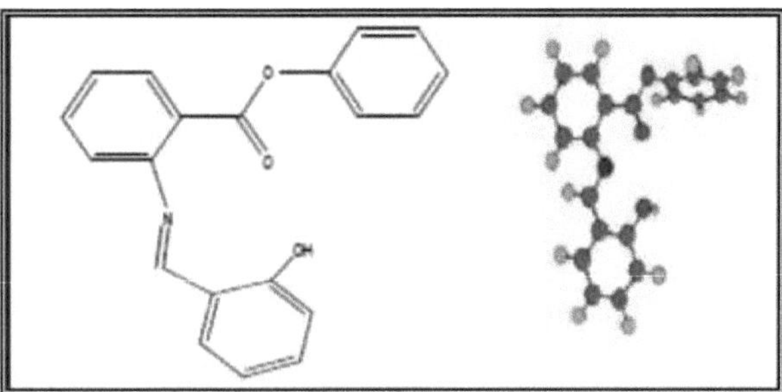

Figura (1-33) Estrutura química do benzoato de fenilo 2-(2-hidroxibenzilidenamino)

benzoato de fenilo (HL)

Taghreed *et al.,* (2013) [58] comunicaram a existência de um novo ligando de base de Schiff (Z)-7-(2-(4-(dimetilamino) benzilidenoamino)-2-fenilacetamido)-3-metil-8-oxo-5-tia- 1-azabiciclo[4.2.0]oct-2-eno-2-carboxílico = (HL) através da condensação de cefalexina e 4-dimetilaminobenzaldeído em metanol. Foram obtidos complexos de ligandos mistos polidentados com a fórmula geral [M(L)(NA)$_2$Cl], em que M= Fe(II), Co(II), Ni(II), Cu(II) e Zn(II) em que (NA=Nicotinamida).

A RMN ^{1}H, o FT-IR, o UV-Vis e a análise elementar foram utilizados para a caraterização do ligando. Os complexos foram estudados estruturalmente através de AAS, FT-IR, UV-Vis, teores de cloreto, condutância e medidas de suscetibilidade magnética. Todos os complexos são não electrólitos em solução de DMSO. As geometrias octaédricas foram sugeridas para todos os complexos, figura (1-34).

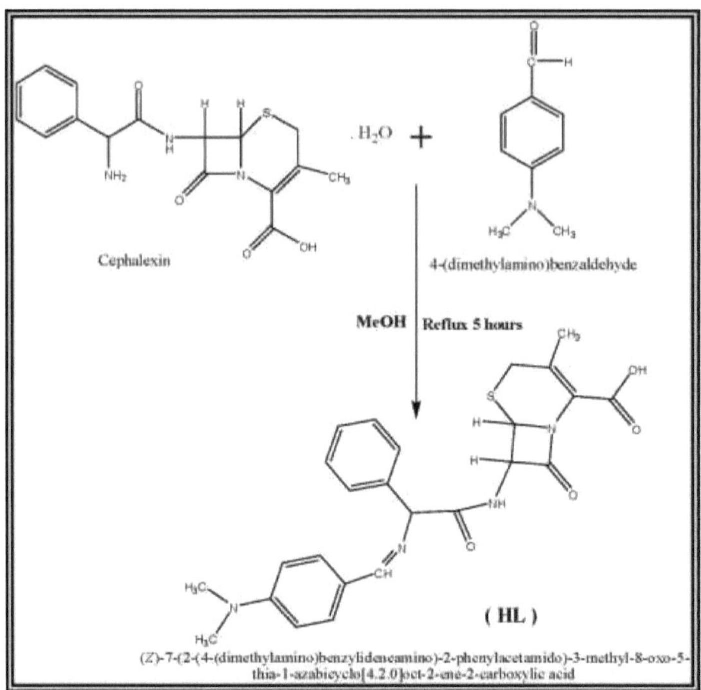

Figura (1-34) Diagrama esquemático representando a síntese de (Z)-7-(2-(4-(dimetilamino) benzilidenoamino)-2-fenilacetamido)-3-metil-8-oxo-5-tia-1-azabiciclo[4.2.0]oct-2-eno-2-carboxílico

Taghreed *et al,* (2013) [59] relataram novos complexos de ligantes mistos de íons metálicos bivalentes, viz; M = Co (II), Ni (II), Cu (II) e Zn (II) da composição [M (Ceph) (NA) $_3$] Cl em 1: 1:3, (onde Ceph = Cefalexina e NA = Nicotinamida) foram sintetizados e caracterizados através da determinação da percentagem do metal nos complexos por chama (AAS), FT-IR, medidas de suscetibilidade magnética, condutividade molar e dados espectrais electrónicos. Os ligandos e os seus complexos metálicos foram analisados quanto à sua atividade antimicrobiana contra seis tipos de *bactérias* (gram +ve) e (gram -ve), figura (1-35).

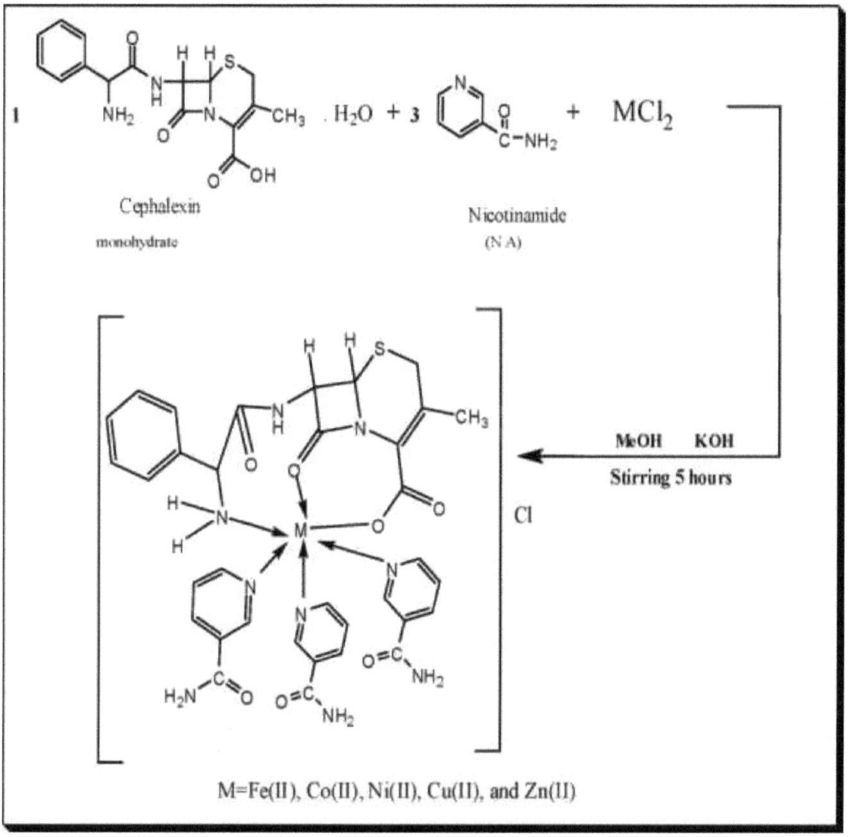

Figura (1-35) Diagrama esquemático representando a síntese de [M(Ceph)(NA)3]Cl

1.4. Aminoácidos

1.4.13.Estrutura, classificação e papel bioquímico

Os aminoácidos são compostos bioquímicos com funcionamento misto, uma vez que contêm um grupo funcional carboxilo (-COOH) e um grupo funcional amina (-NH2), ambos enxertados no mesmo átomo de carbono na posição α [60].

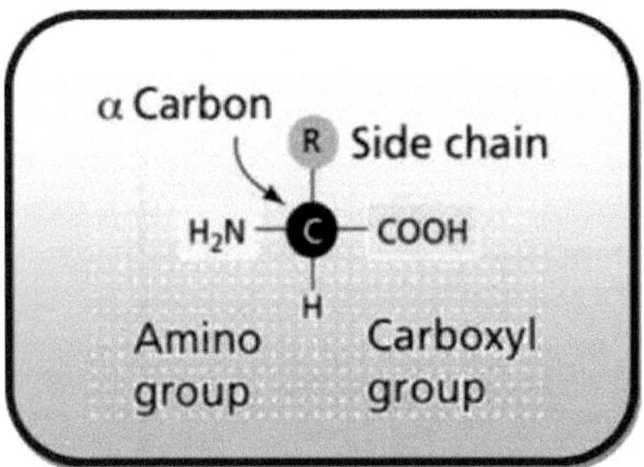

Figura (1-36) A estrutura básica de um aminoácido

Em função das caraterísticas estruturais da cadeia lateral (R), os aminoácidos são classificados do seguinte modo [60].

1. Os aminoácidos alifáticos incluem:

Glicina (Gly), Alanina (Ala), Valina (Val), Leucina (Leu), Isoleucina (Ile) .

2. Aminoácidos que contêm um grupo hidroxilo ou um átomo de enxofre:

Serina (Ser), Treonina (Thr), Cisteína (Cys), Metionina (Met).

3. Os aminoácidos aromáticos incluem:

Fenilalanina (Phe), Tirosina (Tyr) e Triptofano (Trp)

4. Aminoácidos básicos:

Lisina (Lys), Arginina (Arg) e Histidina (His)

5. Aminoácidos ácidos:

Ácido aspártico (Asp), ácido glutâmico (Glu).

6. Aminoácidos neutros: Asparagina (Asn), Glutamina (Gln).

7. Cadeia lateral cíclica alifática: prolina (Pro).

Fayad *et al.* (2012), [61] sintetizaram e caracterizaram seis complexos de ligandos mistos de alguns iões de metais de transição com L-Valina (Val) como ligando primário e Sacarina (HSac) como ligando secundário. Todos os complexos preparados foram caracterizados por condutância molar, suscetibilidade magnética, infravermelho, espectros electrónicos, microanálise elementar (C.H.N) e absorção atómica. Os complexos têm a fórmula $[M(Val)_2(HSac)_2]$ M= Mn (II), Fe (II), Co(II),Ni(II), Cu (II), Zn(II) e Cd(II)

L- Val H= ($C_5H_{11}NO_2$) , HSac =C7H5NO3S

O estudo mostra que estes complexos têm uma geometria octaédrica; os complexos metálicos foram analisados quanto às suas actividades biológicas contra bactérias. Concluiu-se que o ião valinato (Val⁻) (obtido por tratamento da L-valina com NaOH) se coordena aos iões metálicos como ligando bidentado através do oxigénio do grupo carboxilato ($-COO^-$) e do azoto do grupo amina (NH_2), enquanto a sacarina (H Sac) se coordena como monodentado através do átomo de azoto. A atividade antibacteriana dos complexos de ligandos mistos [61] contra *Staphylococcus aureus* (+ve), e *Escherichia coli, Salmonella typhi* e *Aeruginosa*) (-ve) foi realizada através da medição do diâmetro de inibição.

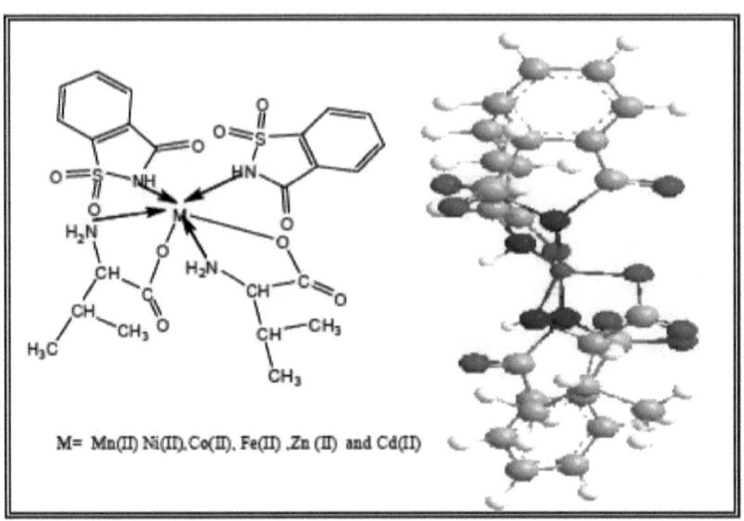

Figura (1-37) Estruturas sugeridas e estrutura 3D-geométrica de dos complexos metálicos derivados da sacarina

Dashora *et al.* (1986), [62] relataram a síntese de complexos organo-silício e organo-chumbo de bases de Schiff a partir de fármacos sulfa. Foram preparados complexos do tipo (CH3)2Si(ONN)(C6H5)2Si (ONN), (C6H5)2Pb(ONN). Novas substâncias (N-indoledeno-DL-glicina, N-indolidiene-DL-alanina e N-indolidene-DL- valina) foram preparadas e caracterizadas por Nursen *et al.* (2003) [63] e as suas actividades antimicrobianas foram testadas contra diferentes microrganismos como *B.subtilis*, *S.aureus*, *E.coli* e *C.albicans*. O rastreio antibacteriano das bases de Schiff ind-gly, ind-ala e ind-val, contra todas as bactérias, indicou que as bases de Schiff de aminoácidos mostram mais atividade contra *Staphylococcus aureus*, *E-coli* e *Bacillus polymyxa* do que contra *Candida albicans*. Verificou-se que o Ind-gly era ativo contra ambas as estirpes de *S.aureus*, *Escherichia coli* e *Bacillus polymyxa*. O Ind-val foi considerado mais ativo do que outras bases de Schiff contra microrganismos

1.5. Objectivos da investigação [63]

Este trabalho de investigação tem por objetivo:[63]

1. Sintetizar novas bases de Schiff (HL$_1$,HL$_2$ e L$_3$)

Símbolo	Fórmula química	Bases de Schiff derivadas de
HL$_1$	C25H25N3O6 S	Cefalexina mono-hidratada+ 2,4-Dimetoxibenzaldeído
HL2	C25H27N3O6 S	Tri-hidrato de ampicilina+ 2,4-Dimetoxibenzaldeído
L3	C19H19N3O5 S	Sulfametoxazol+ 2,4- Dimetoxibenzaldeído

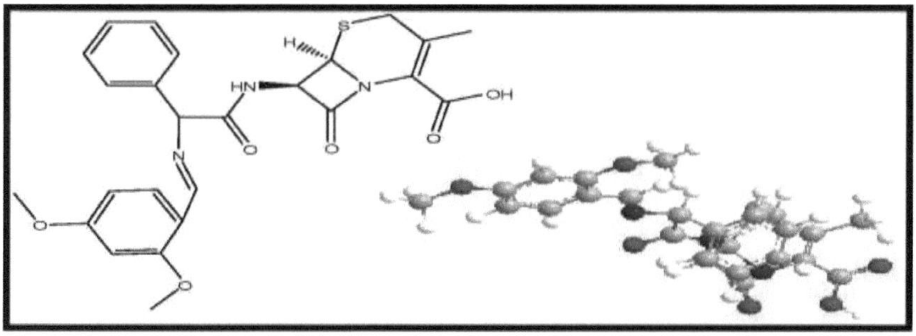

(HL1)

(6R,7R)-7-(2-((E)-2,4-dimetoxibenzilidenoamino)-2-fenilacetamido)-3-methyl-8-oxo-5-thia-1-azabicyclo[4.2.0]oct-2-ene-2-carboxylic acid.

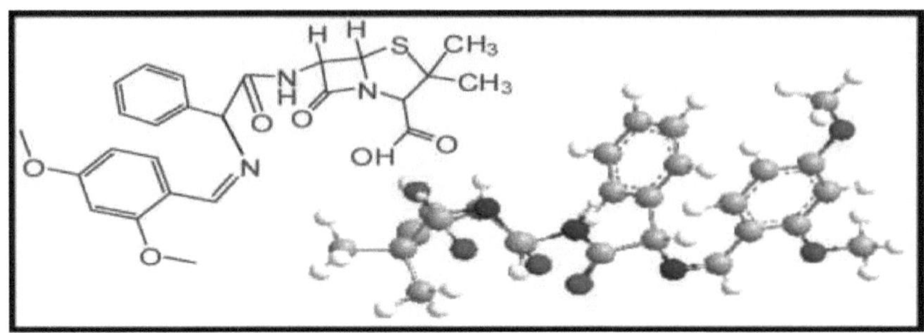

(HL2)

(Z)-6-(2-(2,4-dimetoxibenzilidenoamino)-2-fenilacetamido)-3,3-

ácido dimetil-7-oxo-4-tia-1-azabiciclo[3.2.0]heptano-2-carboxílico .

(L3)

(E)-4-(2,4-dimetoxibenzilidenoamino)-N-(5-metilisoxazol-3-il)
benzeno sulfonamida.

Sintetizar complexos metálicos de ligandos mistos derivados de ligandos de bases de Schiff (HL1,HL2 e L3) com tributilfosfina e Asparagina com alguns iões metálicos bivalentes.

3.   Sintetizar complexos metálicos de ligandos mistos derivados de antibióticos selecionados, incluindo Cefalixina, Ampicilina e Sulfametoxazol com tributilfosfina, Asparagénio e Leucina com alguns iões metálicos bivalentes.

4.   Estudo e caraterização dos ligandos obtidos 44

diferentes técnicas, como a espetroscopia de infravermelhos, a espetroscopia de ultravioleta/visível, a espetroscopia de RMN de protões e a espetroscopia de massa em CG, bem como a medição do ponto de fusão e a microanálise dos elementos C.H.N.S

5. Caracterizar os complexos metálicos preparados em função dos resultados da espetroscopia de infravermelhos e da espetroscopia UV-Vis, para além dos resultados da espetroscopia de absorção atómica e dos resultados da medição dos momentos magnéticos e da condutividade, que, coletivamente, permitiram chegar a uma estrutura geométrica adequada dos complexos preparados.

6. Comparar as actividades antimicrobianas das bases de Schiff preparadas (HL_1, HL_2 e L_3) e os seus complexos de ligandos mistos contra *bactérias* gram positivas e gram negativas.

7. Estudar o efeito de alguns complexos preparados na atividade de dois tipos de enzimas (GOT e GPT).

Ligante primário	Ligante secundário	Composições
HL$_1$	tributilfosfina (tbph)	[M (L1)(tbph)$_3$]Cl M= Mn (II), Co(II), Ni(II), Cu(II) [M(L1)(tbph)]Cl M= Zn(II), Cd(II), Hg(II)
HL2	tributilfosfina (tbph)	[M (L2)(tbph)$_3$]Cl M= Mn(II), Co(II), Ni(II), Cu(II) [M(L2)(tbph)]Cl M= Zn(II), Cd(II), Hg(II)
L3	aminoácido (Asn)	[M(L3)(Asn)$_2$] M=Mn(II), Co(II), Ni(II), Cu(II), Zn(II), Cd(II), Hg(II)
Cefalexina (Ceph)	tributilfosfina (tbph)	[M(Ceph)(tbph)$_3$]Cl M= Mn(II), Co(II), Ni(II), Cu(II) [M(Ceph)(tbph)]Cl M= Zn(II), Cd(II), Hg(II)
Ampicilina (Ampi)	tributilfosfina (tbph)	[M(Ampi)(tbph)$_3$]Cl M= Mn(II), Co(II), Ni(II), Cu(II) [M(Ampi)(tbph)]Cl M= Zn(II), Cd(II), Hg(II)
Antibiótico Sulfametoxazol (SMX)	aminoácido asparagina (Asn)	[M(SMX)(ASN)$_2$] M=Mn(II), Co(II), Ni(II), Cu(II) Zn(II), Cd(II), Hg(II)
	aminoácido Leucina (Leu)	[M(SMX)(Leu)$_2$] M=Mn(II), Co(II), Ni(II), Cu(II), Zn(II), Cd(II) e Hg(II).

Referências

[1] Tripathi K., A Review .Asian J Res Chem. 2009; 2(1); Jan -março, 25-30.

[2] Rafique S., Idrees M., Nasim A., Akbar H. e Atha A.: Biotechnol Mol. Biol. Rev. 2010; 5(2), 38-45.

[3] Thompson K. H., Orvig C., Met Ions Biol. Syst., 2004; 41, 221-230.

[4] Thompson K. H., Orvig C.: J Inorganic Biochem. 2006,100, 12, 1925-1935.

[5] Reynolds J. E. F. Ed., Martindale The Extra Pharmacopoeia, 31ª The Royal Pharmaceutical Society; Londres, 1996.Martindales Pharmacope *ia.*

[6] Edwards, E.I; Epton, R; Marr, G. J. Orgnometal. Chem. 1975; 85,23.

[7] Tella, A.C e Obaleye, J.A. Int.Chem. Sci., 2010; 8(3), 1675-1683.

[8] Clarke M. J. , Sadler P. J., Springer Verlag, Berlim, 1999; 1, 1-43.

[9] Gray H. B., *Proc. Natl. Acad. Sci. USA*, 2003; 100, 3563.

[10] Pattan S. R., Pawar S. B., Vetal S. S., Gharate U. D. e Bhawar S. B. Indian Drugs. 2012; novembro;49 (11) pp5-11

[11] Hiromusakurai e Yusuke Adachi. The Pharmacology of the insulinomimetic Effect of zinc complexes (A farmacologia do efeito insulinomimético dos complexos de zinco). *Biometals*, 2006; 18 (4), 319-323.

[12] Wong S., Sun R. W., Chung N. P., Lin C.L. e Che C.M., *Chem. Commun.*, 2005;3544

[13] Essien, E.E., Coker, H.A.B. *J.Pharm.* 1987 ; 18(4)21-22.

[14] Shaw, C.; Gold Complexes with anti-artritic, Antitumor and Anti-HIV ctivity ; In uses of inorganic chemistry in medicine, Farell,N; Ed. Cambridge, 1999;26- 57.

[15] Leo Di, Berrettin D., e Renzo F, C. J. Chem. Soc. Dalton Trans., 1998; 1, 1993-2000.

[16] Hadjiliadis, N., Markoponlous, J., Preumatikakis, G., Theophanides, T.J. Inorg. Chim, Ata. 1977; 25, 21-31.

[17] Gary, J., Adeyemo, A. J. Inorg. Chim. Ata; 1981;55, 93-98.

[18] Obaleye, J.A., Orjiekwe, C.L. Int. J. Chem. 1993;4(2),37-51.

[19] Bankole, F.O. J. Pharm. and Med. Sci. 1979;4(5), 249-250.

[20] Nash P., Clegg D. O.: Terapia da artrite proriática: NSAID and traditional DMARDS, Ann Rheum Dis. 2005; 64,74-77.

[21] Hashimoto R, Fujimak K, Jeong MR, Senatorov VV, Christ L, Loods P, Chuag DM, Takeda .M . *Seishin shinkeigatu zasshi*, 2003;105(1), 81-86.

[22] Crowder MW, Spencer J e Vila A J.Metallo-beta-lactamases: Acc Chem Res. 2006; 39,721

[23] Nair MS, Arish D e Joseyphus RS, J. Sandi Chem Soc. 2012 ;16, 83-88.

[24] Tella, A.C ; Obaleye, M. O e Akolade, E.O. Middle- East Journal of scientific Research, 2011;7(3),260-265.

[25] Chartone SE, Loyola TL, Bucclarelli RW, Menezes MA, Rey NA e Pereira ME. J Inorg Biochem, 2005; 99, 1001-08.

[26] Osella, D.; Ferrali, M.; Zanello, P.; Laschi, F.; Fontani. M., Nervi, C., Cavigiolio, G. *Inorg. Chim. Ata.* 2000; *306*, 42.

[27] Chen W, W Roberts, S.M Whittall , *J. Tetrahedron Asymmetry* , 2006 ; *17*, 1161.

[28] Blondeau, J. M. Expert Opin. Pharmacother. 2002; 3, 1131-1151.

[29] Upadhyay SK, Kumar P e Arora V. J Stru Chem. 2006; 47,1078-83.

[30] Marija Z, Iztok T e Peter B. Turk J Biol. 2001; 74,61-74.

[31] Brackett; Singh, H; Block, JH .*Pharmacotherapy* ,julho 2004; 24 (7), 856-70.

[32] Slatore, C. G.; Tilles, S. A. Immunology and Allergy Clinics of North America, 2004; 24 (3), 477-490

[33] Lesch, John "Capítulo 7". *The First Miracle Drugs* (ed. ilustrada). Oxford Press ;2007. Universidade

[34] Henry, R. J. *Bacteriological reviews.* 1943; 7 (4):175-262.

[35] Lee, S., Choi, A., Kim, W.S., e Myerson, A.S. *Crystal Growth and Design* 2011; 11, 5019-5029.

[36] Maren T. H., Annu. Rev. Pharmacol. Toxicol. 1976; 16, 309.

[37] Stolker, A. A. M., Brinkman, U. A. T. 2005; Journal of Chromatography A, 1067(1-2), 15-53.

[38] Laurence L. B., Jhon S. L. e Keith L. P., '*Goodman and Gilman S the pharmacological basis of therapeutics*,' McGraw-Hill USA, 11th Ed., 2005; p.12-18,1111-1124, e 1155-1199.

[39] Sweetman S. C., ' *Martindale*,' .Pharmaceutical press, UK, 35th Ed., 2007; p.179-180,194, e 303-304.

[40] Kimura ET, Nikiforova MN, Zhu Z, Knauf JA, Nikiforov YE, Fagin JA.Cancer Res., 2003;63(7),1454-7.

[41] Casanova J., Alzuet, G.,Ferrer, S., Borras, J., Garcia - Granda, S., Perez - Carreno, E. *J. Inorg. Biochem.*, 1993;51, 689-699.

[42] Rudzinski, W.E., Aminabhavi, T.M., Biradar, N.S., e Patil, C.S. Inorg. Chim. Ata, 1982; 67, 177-182.

[43] Garcia-Raso, A., Fiol, J.J., Rigo, S., Lopez-Lopez, A., Molins, E., Espinosa, E., Borras, E.,Alzuet, G., Borras, J.,Castineiras, A. Polyhedron, 2000;19, 991 - 1004.

[44] Telia, A.C e Obaleye, J.A. E-journal of Chemistry, 2009; 2009;6(S1), S311-S323.

[45] Zahid H. Chohana, Hazoor A. Shada e Faiz-ul-Hassan Nasim . Organometal. Chem., 2009 ; 23, 319-328

[46] Shebl, Magdy; Saied M.E. Khalil, Saleh A. Ahmed, Hesham A.A. Medien; Journal of Molecular Structure, 10 de setembro de 2010; 980, (1-3), 39-50

[47] Adedibu C. Tella e Joshua A. Obaleye, Orbital . 2010; 2(1), 42-49

[48] Dasharath P.Patel1, Shailesh P.Prajapati1 e Pankaj S.Patel2 Jornal Internacional de Investigação em Ciências Farmacêuticas e Biomédicas, 2012;3(3),56

[49]   Ma, M.; Cheng, Y.; Xu, Z.; Xu, P.; Qu, H.; Fang, Y.; Xu, T.; Wen, L. European journal of medicinal chemistry, 2007; 42 (1), 93-98.

[50]   Garg, S.K.; Ghosh, S.S.; Mathur, V.S. International journal of clinical pharmacology, therapy, and toxicology, 1986;24 (1), 23-25.

[51]   Bamigboye, Mercy Oluwaseyi, Obaleye, Joshua Ayoola e Abdulmolib, International Jour. Chem., 2012 ; 22 (2), 105-108

[52]   Ahmed I. Hanafy, Ali M. Ali H., Sayed A. Shama, Hamdy K. Thabet e Hany M. Zaky El-alfy, European Journal of Chemistry, 2013;4(2), 157-161.

[53]   Bharti Jaina B. K., Suman Malikb, Neha Sharmaa e Shrikant Sharma Pelagia Research Library Der Chemica Sinica, 2013; 4(5),40-45

[54]   G. Karthikeyan , K. Mohanraj , K. P. Elango e K. Girishkumar .J; Russian Journal of Coordination Chemistry, 2006; 32(5), 380-385

[55]   Taghreed. H. Al-Noor, Amer. J. Jarad, Abaas Obaid Hussein, j. International Journal of Technical Research and Applications, 2014; 2(5), 22-28

[56]   Anacona JR e Rodriguez I.,

J. Coord Chem, 2004; 57, 1263-69.

[57]   Taghreed H. Al-Noor, Sajed. M. Lateef e Mazin H. Rhayma, Journal of Chemical and Pharmaceutical Research, 2012; 4(9), 4141-4148

[58]   Taghreed H. Al-Noor ,Ahmed T. AL- Jeboori , Manhel Reemon, Journal of Chemistry and Materials. Research, 2013; No.3, pp 36-46

[59]   Taghreed H. Al-Noor ,Ahmed T. AL- Jeboori , Manhel Reemon) Journal Advances in Physics Theories and Applications, , 2013; Vol. 18, 1-10.

[60]   Biomol J. Struct Oyn. "Propriedades electrónicas da cadeia de aminoácidos" Jun. 2001; 18(6), 881-892.

[61]   Fayad N.K., Taghreed H. Al-Noor e Ghanim F.H ,Advances in Physics Theories and Applications, 2012; 9, 1-12.

[62]   Dashora R, Singh RV, Tandon JP. Indian J. Chem, Sect . 1986; 25(2),188-190.

[63] Taghreed H. Al-Noor, Raheem Taher Mahdi e Ahmed H.Ismael, J. Chemical and Pharmaceutical Research, 2014;6(5): 1286-1294.

yes
I want morebooks!

Buy your books fast and straightforward online - at one of world's fastest growing online book stores! Environmentally sound due to Print-on-Demand technologies.

Buy your books online at
www.morebooks.shop

Compre os seus livros mais rápido e diretamente na internet, em uma das livrarias on-line com o maior crescimento no mundo! Produção que protege o meio ambiente através das tecnologias de impressão sob demanda.

Compre os seus livros on-line em
www.morebooks.shop

Printed by Books on Demand GmbH, Norderstedt / Germany